ABOUT PUNPUN OF SEASON

page a daily calendar

日めくり 季節の ぷんぷんのこと

SACHI KURUSU / KIM HYONG WOOK

Forest Books

01

春のくうき。
やわらかさ。
心地よさ。
すべてに包まれて。

ぷんぷんが
木に登ることを
初めて知った。
常識的なことは
何もなくて、
自由にすれば
新しい瞬間に
出合える。

02

あなたがたは真理を知り、
真理はあなたがたを自由にします。
… ヨハネ8：32 …

いつも笑ってくれて…、いろんなことが楽しいね。

03

土管の片側から友達と交互に
ぶんぶんを呼ぶ。
声のするほうに急いでやってきては、
「なあに？」と
見上げてくれる。
すなおなことは
かわいいこと。

04

05

ひまわりの光。

ぷんぷんの眩しさ。

06

体の中から
湧き上がる
走りたい思い。
海のもつ力。

主を待ち望む者は新しく力を得、
鷲のように翼をかって上ることができる。
走ってもたゆまず、歩いても疲れない。

… イザヤ40：31 …

07

秋の気配。心あたたまる静かな時間。

08

寝て起きて。

いつでも
出掛ける準備は
できている。
何一つ持たないで。

どうしても必要なことはわずかです。
いや、一つだけです。

… ルカ10:42 …

いつでもどこでも
一緒にいたい。
ただそれだけ。

09

10

跳ねて、
転がって、
雪に
溶けていく。

褒めてもらうと

なんでも

うれしくなって。

11

12

霧の中でも、
いつも笑顔で
見ています。

わたしは、世の終わりまで、
いつも、あなたがたとともにいます。
… マタイ28：20 …

13

桜の
木の上から。
目線を
変えると
世界は
変わる。

撮影日。

すぐに理解して
笑いながら
答えてくれる
ぷんぷん。
今日も
ありがとう。

14

15

あたたかくて
命あるもの。
見て、
においで、
触れてみたい。

あなたの隣人を
あなた自身のように愛せよ。
… マタイ22：39 …

心地よい
場所を
探して。
風を感じて。
自由になる。

16

すべて、疲れた人、
重荷を負っている人は、
わたしのところに来なさい。
わたしがあなたがたを
休ませてあげます。

… マタイ11:28 …

17

1/640秒の嘘のない見たことのない顔。

18

ぶれない気持ちと青空。

あなたの道を主にゆだねよ。
主に信頼せよ。
主が成し遂げてくださる。
… 詩篇37：5 …

私を何一つ疑わないで。

20

作ってもらった、
木でできた
ぷんぷんのおうち。
わらをしいて、
あたたかい。
とてもよくて
満足です。

21

過ぎていく
現在。
この時。
この瞬間。
心に刻む。

あすのための
心配は無用です。
あすのことは
あすが心配します。
労苦はその日その日に、
十分あります。

… マタイ6：34 …

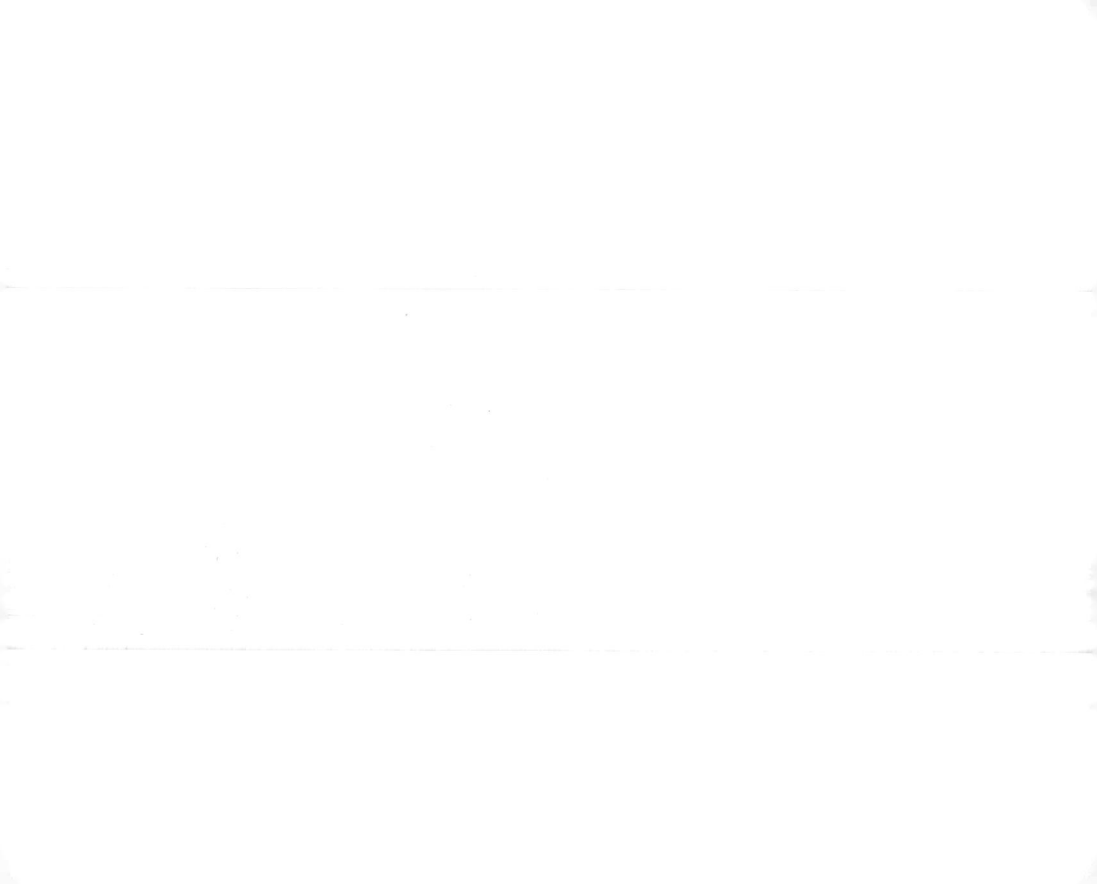

22

五感を研ぎ澄ます。
ふわふわの雪。
心地よい冬。

23

楽しくて、
遠い距離も
一気に
ジャンプ！

24

新しい変化や
発見の春。
毎日が少しずつ
進んでいく。

25

無条件にすき。

あなたがたが
わたしを
選んだのでは
ありません。
わたしが
あなたがたを選び、
あなたがたを
任命したのです。

……ヨハネ15・16……

26

遠く
跳べること。
目的が
あること。
できないと
思わないこと。

私は、私を
強くして
くださる方に
よって、
どんなことでも
できるのです。
…ピリピ4・13…

27

深く吸い込むと、いろんなことを知る。

28

しおかぜは
夏のにおい。

気持ちよいほうに
身体をうごかしてみる。

29

30

もって生まれた
うつくしさ。

捨てられていた
場所は
出会った場所。

31

ぷんぷんは荒川にいた。

荒川を散歩している人の話によると、数か月前からこの辺にいたみたいだった。数か月たった冬の終わりのある日、私たちは出会った。ぷんぷんはいつもおなかがすいていて、散歩中の人たちにおねだりをしてなんとか食いつないでいた。散歩に来た犬に会うと嬉しくて近づくのだけれど、犬の飼い主に汚い犬だとなぐられたりもした。

ぷんぷんは、食べ物を置いて少し離れると食べにはくるけど、人には近づかなかった。それは生きのびるための賢い選択だった。

写真家である私とKIMさんは荒川散歩の途中でぷんぷんに出会った。持っていた生卵を差し出すと、つるりと食べた。お腹がすいてウロウロしている姿が気になって、ぷんぷんにご飯を運ぶようになった。

4月の冷たい雨の日、ぷんぷんは雨宿りするところもなかった。ドアが開いた隙に私の車に乗り込み、申し訳なさそうに下を向いていた。ぷんぷんは静かに時を待って、車に乗ることを決めたようだった。

ぷんぷんは捨てた飼い主、傷つけた人間に仕返しもしない。ひねくれたりせず、純粋に生きることを心から楽しんでいる。

お金も、家族も、帰ることが出来る家も持たない「ないものだらけのぷんぷん」は、逆に言えばいろんなものをもっていて、なににもしばられない。良いときも悪いときも。金持ちでも貧乏でも。偉くても、偉くなくても。

ぷんぷんは大切なことを気づかせてくれる存在なのです。

日めくりカレンダーをみてくださった方、制作に関わって下さったすべての方に感謝して。

2014年7月　来須 祥

PROFILE

来須　祥（KURUSU SACHI）

東京工芸大学芸術学部写真学科卒業、広告会社、雑誌社を経て独立。

雑誌撮影、HP、アプリなどの媒体を中心に活躍中のPhotographer。

金 亨彧（KIM HYONG WOOK）

東京工芸大学芸術学部写真学科・同大学院メディアアート専攻・芸術学修士。

芸能、ファッション誌を中心に活動中。